BEI GRIN MACHT SICH IHR WISSEN BEZAHLT

AF139941

- Wir veröffentlichen Ihre Hausarbeit,
  Bachelor- und Masterarbeit

- Ihr eigenes eBook und Buch -
  weltweit in allen wichtigen Shops

- Verdienen Sie an jedem Verkauf

Jetzt bei www.GRIN.com hochladen und kostenlos publizieren

Bibliografische Information der Deutschen Nationalbibliothek:

Die Deutsche Bibliothek verzeichnet diese Publikation in der Deutschen National-
bibliografie; detaillierte bibliografische Daten sind im Internet über http://dnb.d-
nb.de/ abrufbar.

Impressum:

Copyright © 2015 GRIN Verlag
Druck und Bindung: Books on Demand GmbH, Norderstedt Germany
ISBN: 9783668958623

Dieses Buch bei GRIN:

https://www.grin.com/document/475222

Sadik Mejid

Diffusionskoeffizienten wässriger Salzlösungen. Wie können sie nach Wiener festgestellt werden?

Durchführung und Auswertung eines Versuchs

GRIN Verlag

GRIN - Your knowledge has value

Der GRIN Verlag publiziert seit 1998 wissenschaftliche Arbeiten von Studenten, Hochschullehrern und anderen Akademikern als eBook und gedrucktes Buch. Die Verlagswebsite www.grin.com ist die ideale Plattform zur Veröffentlichung von Hausarbeiten, Abschlussarbeiten, wissenschaftlichen Aufsätzen, Dissertationen und Fachbüchern.

Besuchen Sie uns im Internet:

http://www.grin.com/

http://www.facebook.com/grincom

http://www.twitter.com/grin_com

Universität zu Köln

Institut für Physikalische Chemie

Praktikum PC

Modul MN-C-E-PC

Versuch 7:

Diffusion

Versuchsdurchführung: 02.12.2014

Gruppe 11: Sadik Mejid

Inhaltsverzeichnis

1. Einleitung

1.1 Aufgabenstellung

In diesem Versuch sollten die Diffusionskoeffizienten zweier wässriger Salzlösungen mit Hilfe der optischen Methode nach Wiener bestimmt werden. Hierzu wurden zwei unterschiedlich konzentrierte (1 M und 0,5 M) $CaCl_2$-Lösungen verwendet.

1.2 Theoretische Grundlagen

Unter der Diffusion wird der Transport von Molekülen von einem höher konzentrierten Medium in ein niedriger konzentrierten und umgekehrt verstanden. Dieser Prozess läuft solange, bis das Konzentrationsgefälle zwischen den beiden Lösungen ausgeglichen wurde. Solange dieses noch besteht, bewegen sich mehr Moleküle in Richtung der niedrigeren Konzentration als umgekehrt. Die Diffusion kann mittels der *Brownschen* Molekularbewegung erklärt werden: Darunter wird die Wärmebewegung von Teilchen in Flüssigkeiten bezeichnet. Die Diffusionsgeschwidigkeit ist proportional zur herrschenden Temperatur. Der Diffusionsvorgang hängt vom Teilchenfluss J ab. Der Teilchenfluss J wird mit dem ersten *Fick'schen* Gesetz (Gl.1) beschrieben[1]:

$$J = -D\frac{\partial \bar{N}}{\partial z} \tag{1}$$

Mit

J = Teilchenfluss

D = Proportionalitätskonstante

N = Teilchenzahldichte

z = Ortskoordinate senkrecht zur Grenzfläche.

Das 1. *Fick'sche* Gesetz besagt, dass die Teilchenstromdichte J (mol m^{-2} s^{-1}) proportional zur Teilchendichte in der Schicht ist. Mit der Teilchenzahldichte N und der Ortskoordinate z senkrecht zur Grenzfläche (d. h. parallel zum Konzentrationsgradienten). D ist eine Proportionalitätskonstante, der Diffusionskoeffizient. Das zweite *Fick'sche* Gesetz (Gl. 2) stellt eine Beziehung zwischen zeitlichen und örtlichen Konzentrationsunterschieden dar und eignet sich somit zur Darstellung instationärer Diffusion.

$$\left(\frac{\partial c}{\partial t}\right) = D\left(\frac{\partial^2 c}{\partial x^2}\right) \qquad (2)$$

c = Konzentration der Lösung

t = Zeit

D = Proportionalitätskonstante, Diffusionskoeffizient

x = Ortskoordinate.

Es folgt daraus, dass ein starker räumlicher Konzentrationsgradient eine starke zeitliche Änderung der Konzentration zur Folge hat. Beim Übertritt eines Lichtstrahles von einem optisch dünneren Medium in ein optisch dickeres, ändern sich Ausbreitungs-geschwindigkeit und Ausbreitungswinkel.

$$\frac{\sin\alpha}{\sin\beta} = \frac{C_1}{C_2} = \frac{n_2}{n_1} \qquad (3)$$

Dabei ist n der Brechungsindex im jeweiligen Medium. α ist der Einfall- und β der Brechungswinkel, jeweils zur Senkrechten bezüglich der Einfallsebene hin gemessen, C_1 bezeichnet die Lichtgeschwindigkeit im Medium 1 und C_2 im Medium 2. Der Brechungsindex ist ein Faktor für die Abschwächung der Geschwindigkeit, die das Licht beim Übergang vom Vakuum in ein Medium erfährt. Er hängt von der Wellenlänge ab. Der Brechungsindex von Luft unter Normalbedingungen ist im sichtbaren Spektralbereich n = 1,00028[2]. Er wird für viele Anwendungen vereinfacht gleich 1 gesetzt. Der Brechungsindex von optisch dichteren Medien ist > 1. Die Refraktometrie dient der Reinheitsprüfung von organischen Stoffen und auch zur Konzentrationsbestimmung von Lösungen. Jede organische Flüssigkeit besitzt eine charakteristische Brechungszahl. Neben der Reinheitsprüfung dient die Refraktometrie auch der quantitativen Analyse von Zwei- oder Mehrstoffmischungen und der Identifizierung von Stoffen. Der Brechungsindex binärer Mischungen zeigt eine lineare Abhängigkeit von der Konzentration der Komponenten, Vorausgesetzt, dass keine Änderung ihrer Volumen bei der Mischung stattfindet. Bei Salzlösungen steigt n mit der Salzkonzentration in guter Näherung linear an[2].

1.3 Aufbau der Apparatur

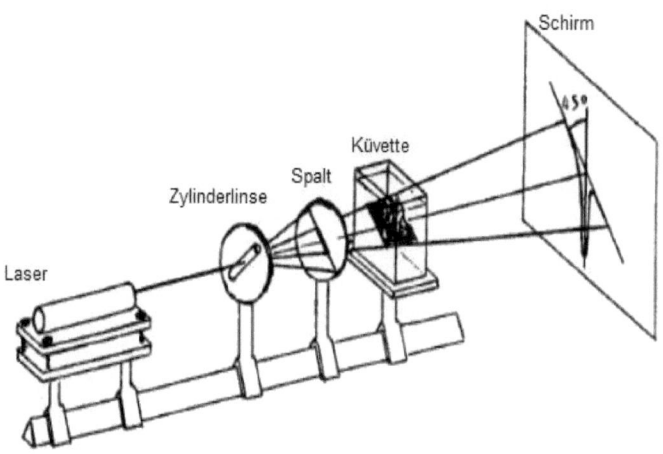

Abb. 1: Schematische Darstellung der Versuchsapparatur[1]:

Ein Laserstrahl der Wellenlänge 632,8 nm wird durch eine Zylinderinse, einen Spalt und eine mit der Probe befüllten Küvette gestrahlt und trifft am Ende auf einen Schirm auf. Durch den Konzentrationsgradienten zwischen den beiden Komponenten der Probe findet eine Diffusion statt. Innerhalb der Küvette liegt ein Brechungsindex-Gradient in vor. Horizontal auf die Küvette einfallendes Laserlicht wird auf seinem Weg durch die Lösung zum Bereich mit dem größeren Brechungsindex hin gekrümmt, sodass das Spaltbild zu einer Kurve verzerrt wird.

1.4 Versuchsdurchführung:

Schematische Darstellung der Versuchsdurchführung

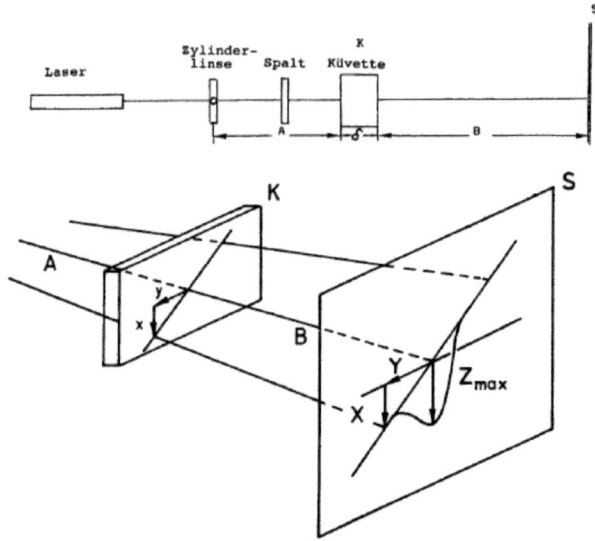

Abbildung 2: *Aufbau der Messapparatur: L = Laser (632.8 nm), K = Küvette, S = Schirm, A = Abstand vom Mittelpunkt der Zylinderlinse zur Lösung, δ = Schichtdicke der Lösung, B = Abstand der Lösung zum Schirm, Z_{max} = maximale vertikale Auslenkung von der Diagonalen am Schirm, Y = horizontaler Abstand eines Punktes vom Punkt der maximalen Auslenkung, X = der zu Y gehörige vertikale Abstand von der Mitte, y = Abstand in der Küvette entsprechend zu Y am Schirm, x = entsprechend für X[1].*

Zuerst wurde ein mit einem Koordinatensystem und einer Diagonale versehenes (A3) Papierblatt an der Laborwand fixiert. Danach wurde die Quarzglasküvette ca. zur Hälfte mit ca. 20 mL dest. Wasser mit Hilfe einer Sprize befüllt und anschließend mit dem gleichen Volumen einer Salzlösung mittels einer Spritze mit Kanüle langsam unter-schichtet, sodass möglichst eine scharfe Phasengrenze zwischen dem Wasser und der Salzlösung entstand. Nach Befüllen der Küvette wurde damit begonnen, die durch den Laserstrahl projizierte Kurve auf dem Schirm mit einem Buntstift nachzuzeichnen. Der Kurvenverlauf wurde innerhalb einer Stunde insgesamt 10 Mal mit verschiedenen Farben nachgezeichnet, wobei die Zeitintervalle am Anfang etwas kleiner gehalten wurden. Insgesamt wurden zwei Messungen mit zwei unterschiedlich konzentrierten Salzlösungen durchgeführt.

An den nachgezeichneten Kurven wurden die jeweiligen Werte für Y und Z abgemessen.

2. Messwerte

Verwendete Salzlösungen:

$CaCl_2$ (1M)

$CaCl_2$ (0,5 M)

Apparaturabmessungen:

Abstand Schirm - Küvette: B = 230 cm ± 0,5 cm

Abstand Zylinderspalt - Küvette: A = 38 ± cm 0,2 cm

Dicke der Küvette: δ = 2,5 cm ± 0,1 cm

Brechungsindizes (gemessen mit Abbe Refraktometer):

H_2O: 1,335 ± 0,0005

$CaCl_2$ (1M): 1,356 ± 0,0005

$CaCl_2$ (0,5 M): 1,346 ± 0,0005

3. Auswertung

3.1 Vorarbeiten

In den Folgenden Tabellen sind die gemessenen Werte für jede Zeit t und die Y-werte. Für das Nachzeichnen der Kurve wurde einige Zeit in Anspruch genommen, daher wird ein Fehler von 5 Sekunden für jede Zeit abgeschätzt. Für die gemessenen Y und Z Abstände wurden jeweils ein Fehler von 0,2 cm abgeschätzt.

Tabelle 1: Die gemessenen Y- und Z-Werte für die Lösung aus $CaCl_2$ 1 M.

Y-werte	$t = 10$ s	$t = 180$ s	$t = 300$ s	$t = 500$ s	$t = 900$ s
	Z [cm]	Z [cm]	Z [cm]	Z [cm]	Z [cm]
-4	0,1	0,1	0	0	0
-3	0,1	0,3	0	0,1	0,1
-2	0,5	0,5	0,1	1	1,4
-1	4	1,5	3,3	12,5	8,1
0	28	39,5	37,5	34,5	23,4
1	42,5	38,7	36,8	33,5	28,6
2	35	25,3	19,3	24,4	20,3
3	9	4,6	5,4	5	10,2
4	0,5	0,7	0,6	1	1,9
5	0,1	0,1	0,3	0,1	0,7
Y-werte	$t = 1500$ s	$t = 2150$ s	$t = 2800$	$t = 3250$ s	$t = 3600$ s
	Z [cm]	Z [cm]	Z [cm]	Z [cm]	Z [cm]
-4	0,1	0,3	0,9	1	1,3
-3	0,9	1,1	2	3	3
-2	4,2	4	6,2	6,6	7,3
-1	13,6	12,3	12,6	12,5	12,4
0	19,6	18,3	17	16,2	16,4
1	23,9	21	18,8	17,7	17,1
2	18,7	18,5	16,5	15,4	15
3	11	9,5	11	10,9	10,9
4	4,4	3,9	6,2	6,6	6,7
5	1,9	1,4	2	2,6	3,3

Tabelle 2: Die gemessenen Y-und Z-Werte für die Lösung aus $CaCl_2$ 0.5 M.

Y-werte	$t = 10$ s	$t = 180$ s	$t = 300$ s	$t = 500$ s	$t = 900$ s
	Z [cm]	Z [cm]	Z [cm]	Z [cm]	Z [cm]
-4	0	0	0	0	0
-3	0	0	0	0	0
-2	0,1	0,1	0,2	0,1	0,5
-1	1	1,7	2	3,2	5,5
0	12	10,6	9,8	8,9	10
1	20,7	18,4	16,6	14,9	12,9
2	14,8	14,5	10,4	11,6	11,1
3	3	4,1	3,2	4,4	5,3
4	0,7	0,8	1	1,6	1,6
5	0	0	0,1	0,2	0,3
6	0	0	0	0	0

Y-werte	$t = 1500$ s	$t = 2150$ s	$t = 2800$	$t = 3250$ s	$t = 3600$ s
	Z [cm]	Z [cm]	Z [cm]	Z [cm]	Z [cm]
-4	0	0	0,2	0,3	0,3
-3	0,1	0,5	0,9	1,4	1,5
-2	1,4	1,9	2,1	3	3,1
-1	4,4	5,6	5	5,5	5,5
0	9	8	7,6	6,8	6,4
1	11	9,8	8,8	8,3	8
2	9,6	8,7	8,1	7,4	7,1
3	6,4	6,3	6	5,5	5,5
4	2,6	3	3,4	3,4	3,5
5	0,8	0,8	1,4	1,2	1,5
6	0	0	0,1	0,6	0,7

3.2 Berechnung von Brechungsgradienten $\left(\frac{\partial n}{\partial x}\right)$ und x

Um aus den aufgenommenen Kurven den Brechungsgradienten $\left(\frac{\partial n}{\partial x}\right)$ in der Lösung zu ermitteln, werden die Formeln (4) und (5) angewandt. Diese ergeben sich aus dem Strahlensatz und dem Brechungsgesetz.

$$x = \frac{X \cdot A}{A + B} \qquad (4)$$

Hier steht X für die gemessenen Y-Werte

9

$$\left(\frac{\partial n}{\partial x}\right)=\frac{Z}{B\cdot\delta}$$

(5)

Hier steht Z für gemessene vertikale Abstände der Kurvenpunkte von der Digaonalen

Fehlerrechnung

Die Fehler in den x-Werten werden ausgehend von der Formel (4) wie folgt berechnet:

$$\Delta x=\sqrt{\left(\frac{\partial x}{\partial X}\right)^2\cdot\Delta X^2+\left(\frac{\partial x}{\partial A}\right)^2\cdot\Delta A^2+\left(\frac{\partial x}{\partial B}\right)^2\cdot\Delta B^2}$$

(6)

$$\Delta x=\sqrt{\left(\frac{A}{A+B}\right)^2\cdot\Delta X^2+\left(\frac{X\cdot B}{(A+B)^2}\right)^2\cdot\Delta A^2+\left(\frac{-(X\cdot A)}{(A+B)^2}\right)^2\cdot\Delta B^2}$$

(7)

Die Fehler im Brechungsindexgradienten $\left(\frac{\partial n}{\partial x}\right)$ werden ausgehend von der Formel (5) wie folgt berechnet:

$$\Delta\left(\frac{\partial n}{\partial x}\right)=\sqrt{\left(\frac{\partial\left(\frac{\partial n}{\partial x}\right)}{\partial Z}\right)^2\cdot\Delta Z^2+\left(\frac{\partial\left(\frac{\partial n}{\partial x}\right)}{\partial B}\right)^2\cdot\Delta B^2+\left(\frac{\partial\left(\frac{\partial n}{\partial x}\right)}{\partial\delta}\right)^2\cdot\Delta\delta^2}$$

(8)

$$\Delta\left(\frac{\partial n}{\partial x}\right)=\sqrt{\left(\frac{1}{B\cdot\delta}\right)^2\cdot\Delta Z^2+\left(\frac{-Z}{(B\cdot\delta)^2}\right)^2\cdot\Delta B^2+\left(\frac{-Z}{B\cdot\delta^2}\right)^2\cdot\Delta\delta^2}$$

(9)

Tabelle 3: Brechungsindexgradienten und x-Werte der entsprechenden Messzeiten für die 1M $CaCl_2$-Lösung.

x [cm]	Δx [cm]	t = 10 s $(n\partial/\partial x)$	$\Delta(n\partial/\partial x)$	t = 180 s $(n\partial/\partial x)$	$\Delta(n\partial/\partial x)$
-0,767164	0,028363	0,000174	0,000348	0,000174	0,000348
-0,625373	0,028362	0,000174	0,000348	0,000522	0,000348
-0,483582	0,028360	0,000870	0,000350	0,000870	0,000350
-0,341791	0,028359	0,006957	0,000445	0,002609	0,000363
-0,200000	0,028359	0,048696	0,001979	0,068696	0,002770
-0,058209	0,028358	0,073913	0,002978	0,067304	0,002715
0,083582	0,028358	0,060870	0,002460	0,044000	0,001794
0,225373	0,028359	0,015652	0,000716	0,008000	0,000473
0,367164	0,028359	0,000870	0,000350	0,001217	0,000351
0,508955	0,028360	0,000174	0,000348	0,000174	0,000348

t = 300 s $(n\partial/\partial x)$	$\Delta(n\partial/\partial x)$	t = 500 s $(n\partial/\partial x)$	$\Delta(n\partial/\partial x)$	t = 900 s $(n\partial/\partial x)$	$\Delta(n\partial/\partial x)$
0,000000	0,000348	0,000000	0,000348	0,000000	0,000348
0,000000	0,000348	0,000174	0,000348	0,000174	0,000348
0,000174	0,000348	0,001739	0,000355	0,002435	0,000361
0,005739	0,000417	0,021739	0,000937	0,014087	0,000662
0,061217	0,002632	0,057000	0,002426	0,037391	0,002006
0,064000	0,002584	0,058261	0,002357	0,041043	0,001679
0,033565	0,001387	0,042435	0,001733	0,035304	0,001455
0,009391	0,000512	0,008696	0,000492	0,017739	0,000790
0,001043	0,000350	0,001739	0,000355	0,003304	0,000372
0,000522	0,000348	0,000174	0,000348	0,001217	0,000351

t = 1500 s $(n\partial/\partial x)$	$\Delta(n\partial/\partial x)$	t = 2150 s $(n\partial/\partial x)$	$\Delta(n\partial/\partial x)$	t = 2800 s $(n\partial/\partial x)$	$\Delta(n\partial/\partial x)$
0,000174	0,000348	0,000522	0,000348	0,001565	0,000353
0,001565	0,000353	0,001913	0,000356	0,003478	0,000375
0,007304	0,000454	0,006957	0,000445	0,010783	0,000554
0,023652	0,001008	0,021391	0,000924	0,021913	0,000943
0,041043	0,001679	0,037043	0,001522	0,029565	0,001233
0,042609	0,001428	0,039522	0,001502	0,032696	0,001354
0,032522	0,001347	0,032174	0,001333	0,028696	0,001200
0,019130	0,000841	0,016522	0,000747	0,019130	0,000841
0,007652	0,000463	0,006783	0,000441	0,010783	0,000554
0,003304	0,000372	0,002435	0,000361	0,003478	0,000375

11

t = 3250 s		t = 3600 s	
$(n\partial/\partial x)$	$\Delta(n\partial/\partial x)$	$(n\partial/\partial x)$	$\Delta(n\partial/\partial x)$
0,001739	0,000355	0,002261	0,000359
0,005217	0,000406	0,005217	0,000406
0,011478	0,000576	0,012696	0,000616
0,021739	0,000937	0,021565	0,000930
0,028174	0,001180	0,028522	0,001193
0,030783	0,001280	0,029739	0,001240
0,026783	0,001127	0,026087	0,001100
0,018957	0,000834	0,018957	0,000834
0,011478	0,000576	0,011652	0,000582

Tabelle 4: Brechungsindexgradienten und x-Werte der entsprechenden Messzeiten für die 0.5 M $CaCl_2$-Lösung.

X [cm]	Δx [cm]	t = 10 s		t = 180 s	
		$(n\partial/\partial x)$	$\Delta(n\partial/\partial x)$	$(n\partial/\partial x)$	$\Delta(n\partial/\partial x)$
-0,767164	0,028493	0,000000	0,000348	0,000000	0,000348
-0,625373	0,028434	0,000000	0,000348	0,000000	0,000348
-0,483582	0,028392	0,000174	0,000348	0,000174	0,000348
-0,341791	0,028367	0,001739	0,000355	0,002957	0,000367
-0,200000	0,028358	0,020870	0,000905	0,018435	0,000815
-0,058209	0,028367	0,036000	0,001482	0,032000	0,001327
0,083582	0,028392	0,025739	0,001087	0,025217	0,001067
0,225373	0,028434	0,005217	0,000406	0,007130	0,000450
0,367164	0,028493	0,001217	0,000351	0,001391	0,000352
0,508955	0,028569	0,000000	0,000348	0,000000	0,000348
0,650746	0,028661	0,000000	0,000348	0,000000	0,000348

t = 300 s		t = 500 s		t = 900 s	
$(n\partial/\partial x)$	$\Delta(n\partial/\partial x)$	$(n\partial/\partial x)$	$\Delta(n\partial/\partial x)$	$(n\partial/\partial x)$	$\Delta(n\partial/\partial x)$
0,000000	0,000348	0,000000	0,000348	0,000000	0,000348
0,000000	0,000348	0,000000	0,000348	0,000000	0,000348
0,000348	0,000348	0,000174	0,000348	0,000870	0,000350
0,003478	0,000375	0,005565	0,000413	0,009565	0,000517
0,017043	0,000765	0,015478	0,000710	0,017391	0,000778
0,028870	0,001206	0,025913	0,001094	0,022435	0,000963
0,018087	0,000803	0,020174	0,000879	0,019304	0,000847
0,005565	0,000413	0,007652	0,000463	0,009217	0,000507
0,001739	0,000355	0,002783	0,000365	0,002783	0,000365
0,000174	0,000348	0,000348	0,000348	0,000522	0,000348
0,000000	0,000348	0,000000	0,000348	0,000000	0,000348

t = 1500 s		t = 2150 s		t = 2800	
$(n\partial/\partial x)$	$\Delta(n\partial/\partial x)$	$(n\partial/\partial x)$	$\Delta(n\partial/\partial x)$	$(n\partial/\partial x)$	$\Delta(n\partial/\partial x)$
0,000000	0,000348	0,000000	0,000348	0,000348	0,000348
0,000174	0,000348	0,000870	0,000350	0,001565	0,000353
0,002435	0,000361	0,003304	0,000372	0,003652	0,000377
0,007652	0,000463	0,009739	0,000522	0,008696	0,000492
0,015652	0,000716	0,013913	0,000656	0,013217	0,000633
0,019130	0,000841	0,017043	0,000765	0,015304	0,000704
0,016696	0,000753	0,015130	0,000698	0,014087	0,000662
0,011130	0,000565	0,010957	0,000560	0,010435	0,000543
0,004522	0,000392	0,005217	0,000406	0,005913	0,000421
0,001391	0,000352	0,001391	0,000352	0,002435	0,000361

t = 3250 s		t = 3600 s	
$(n\partial/\partial x)$	$\Delta(n\partial/\partial x)$	$(n\partial/\partial x)$	$\Delta(n\partial/\partial x)$
0,000522	0,000348	0,000522	0,000348
0,002435	0,000361	0,002609	0,000363
0,005217	0,000406	0,005391	0,000409
0,009565	0,000517	0,009565	0,000517
0,011826	0,000587	0,011130	0,000565
0,014435	0,000674	0,013913	0,000656
0,012870	0,000621	0,012348	0,000604
0,009565	0,000517	0,009565	0,000517
0,005913	0,000421	0,006087	0,000425
0,002087	0,000358	0,002609	0,000363
0,001043	0,000350	0,001217	0,000351

3.3 Auftragung des Brechungsindexgradienten $\left(\dfrac{\partial n}{\partial x}\right)$ gegen x.

3.3.1 1M CaCl$_2$-Lösung.

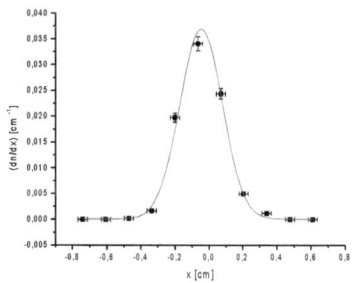 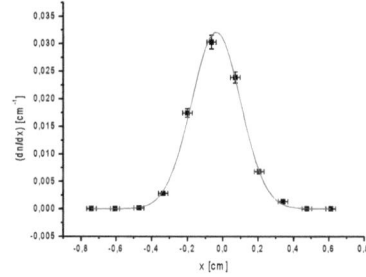

Abb. 3 : Auftragung des Brechungsindex-gradienten gegen x für t = 10 s.

Abb. 4 : Auftragung des Brechungsindex-gradienten gegen x für t = 180 s.

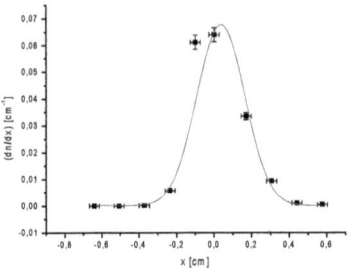

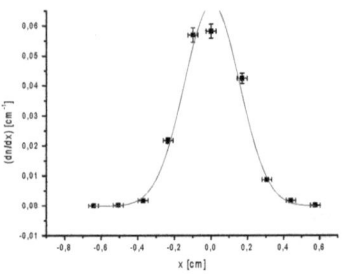

Abb. 5 : Auftragung des Brechungsindex-gradienten gegen *x* für *t* = 300 s.

Abb. 6 : Auftragung des Brechungsindex-gradienten gegen *x* für *t* = 500 s.

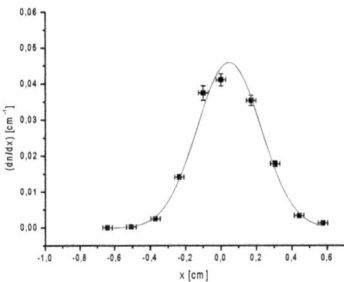

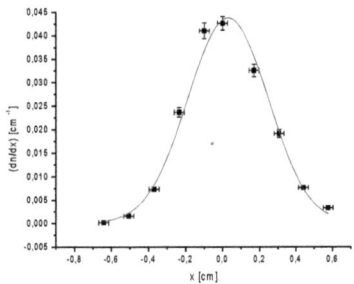

Abb. 7 : Auftragung des Brechungsindex-gradienten gegen *x* für *t* = 900 s.

Abb. 8 : Auftragung des Brechungsindex-gradienten gegen *x* für *t* = 1500 s.

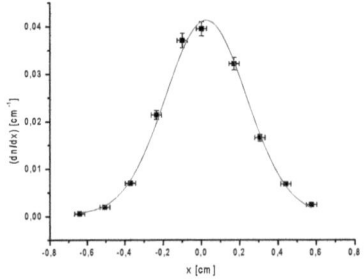

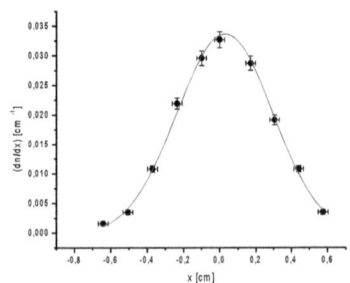

Abb. 9 : Auftragung des Brechungsindex-gradienten gegen *x* für *t* = 2150 s.

Abb. 10 : Auftragung des Brechungsindex-gradienten gegen *x* für *t* = 2800 s.

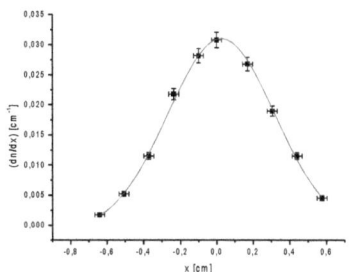

Abb. 11: Auftragung des Brechungsindex-gradienten gegen *x* für *t* = 3250 s.

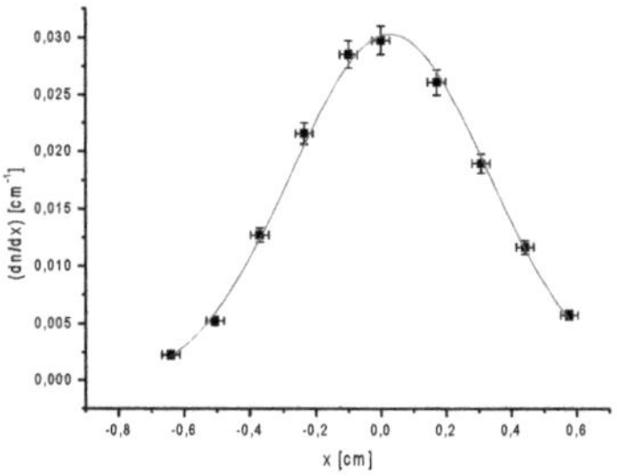

Abb. 12: Auftragung des Brechungsindex-gradienten gegen *x* für *t* = 3600 s.

3.3.2 0.5 M CaCl$_2$-Lösung.

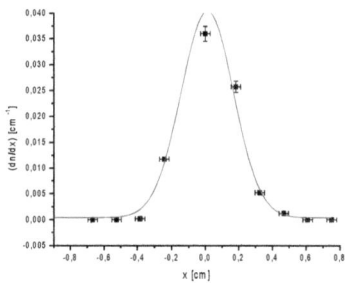

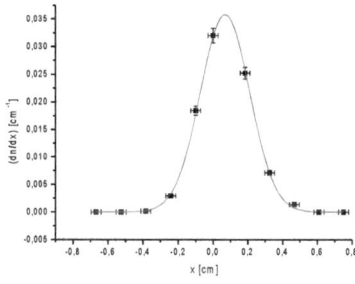

Abb.13 : Auftragung des Brechungsindex -gradienten gegen *x* für *t* = 10 s.

Abb.14 : Auftragung des Brechungsindex -gradienten gegen *x* für *t* = 180 s.

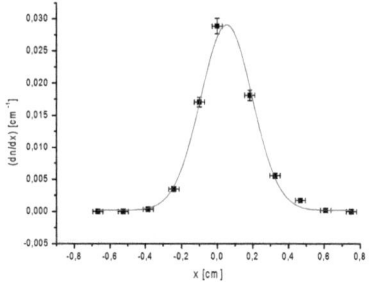

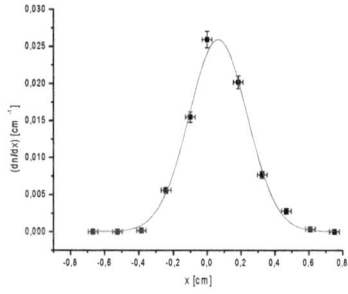

Abb. 15 : Auftragung des Brechungsindex-gradienten gegen *x* für *t* = 300 s.

Abb.16 : Auftragung des Brechungsindex-gradienten gegen *x* für *t* = 500 s.

15

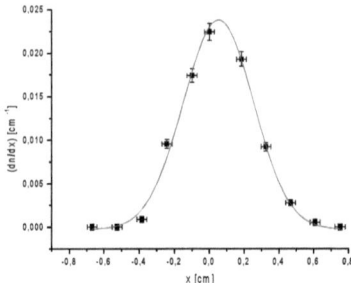

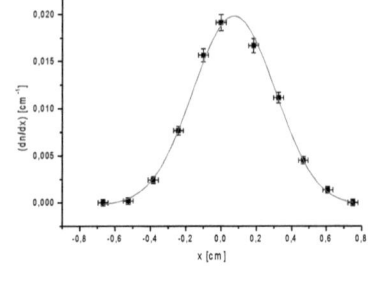

Abb. 17 : Auftragung des Brechungsindex-
gradienten gegen *x* für *t* = 900 s.

Abb. 18: Auftragung des Brechungsindex-
gradienten gegen *x* für *t* = 1500 s.

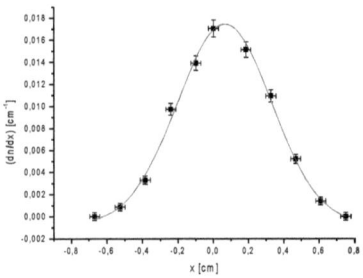

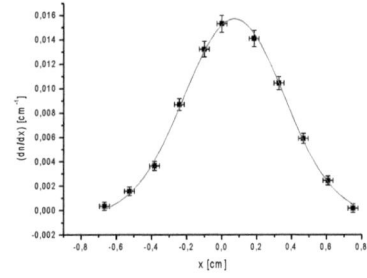

Abb. 19 : Auftragung des Brechungsindex-
gradienten gegen *x* für *t* = 2150 s.

Abb. 20 : Auftragung des Brechungsindex-
gradienten gegen *x* für *t* = 2800 s.

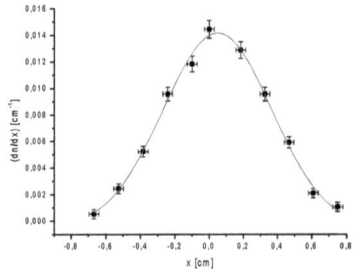

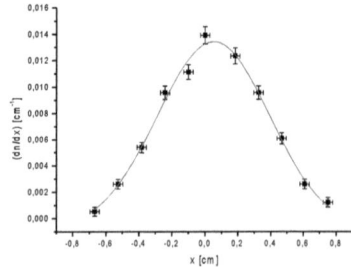

Abb. 21: Auftragung des Brechungsindex-
gradienten gegen *x* für *t* = 3250 s.

Abb. 22: Auftragung des Brechungsindex-
gradienten gegen *x* für *t* = 3600 s.

3.4 Ermittlung des Brechzahldifferenz Δn zwischen Wasser und Salzlösung

3.4.1 Bestimmung mit Hilfe eines Refraktometers

Tabelle 5: Die mit dem Abbe-Refraktometer gessenen Brechungsindices.

Lösung	Brechungsindex
Wasser	1,335 ± 0,0005
CaCl$_2$ 1 M	1,356 ± 0,0005
CaCl$_2$ 0.5 M	1,346 ± 0,0005

Der Brechungsindexunterschied Δn wird wie folgt berechnet:

$$\Delta n= n(\text{Salz-Lsg}) - n(H_2O) \tag{10}$$

Für die Fehlerbetrachtung gilt:

$$\Delta(\Delta n)= \sqrt{\Delta n^2(Salz-Lsg)+ \Delta n^2(H_2O)} \tag{11}$$

$$\sqrt{0,0005^2+ 0,0005^2}=0,0007$$

CaCl$_2$ [1 M]: Δn = 0.021 ± 0.0007

CaCl$_2$ [0.5 M]: Δn = 0.011 ± 0.0007

3.4.2 Bestimmung der Brechzahldifferenz durch Integration

Die Brechzahldifferenz wird im folgenden durch die Integration der Flächen unter den erhaltenen Kurven bestimmt:

Tabelle 6: Integrierte Flächen unter den Kurven für die jeweilige Zeit.

	CaCl$_2$ 1M	CaCl$_2$ 0,5 M
Zeit [s]	Integrierte Fläche	Integrierte Fläche
10	0,0292	0,0160
180	0,0223	0,0127
300	0,0216	0,0105
500	0,0256	0,0111
900	0,0205	0,0121
1500	0,0238	0,0117
2150	0,0213	0,0121
2800	0,0227	0,0115
3150	0,0232	0,0116
3600	0,0231	0,0122

Das arithmetische Mittel aus den Werten der integrierten Flächen ergibt die Brechzahldifferenz:

$$\Delta n = \frac{1}{b} \sum_{i=1}^{b} X_i \qquad (12)$$

Mit:

b = Anzahl der Zeitabschnitten

X = Summe aus den Werten der integrierten Flächen

$$\Delta(\Delta n) = \sqrt{\frac{1}{b(b-1)} \sum_{i=1}^{b} (\Delta n - x_i)^2} \qquad (13)$$

So werden folgende Brechzahldifferenzen erhalten:

Δn (CaCl$_2$ 1M) = 0,0233 ± 0.0021

Δn (CaCl$_2$ 0,5 M) = 0.0121 ± 0.0013

3.5 Bestimmung des Diffusionskoeffizienten aus der zeitlichen Änderung des maximalen Brechungsgradienten

Da vom Ansetzen der Probe bis zum Beginn der Messung eine Durchmischung stattgefunden hatte, muss dieser Fehler korrigiert werden. Dies wird durch die Auftragung von $\left(\frac{\partial n}{\partial x} \right)_{max}^{-2}$ gegen die Zeit t erreicht. Der Schnittpunkt mit der y-Achse ist dann der theoretischen Anfangszeitpunkt t_0 der Diffusion.

3.5.1 1 M CaCl$_2$-Lösung

Tabelle 7: Werte der $\left(\dfrac{\partial n}{\partial x}\right)_{max}^{-2}$ für 1 M CaCl$_2$.

Zeit t [s]	$\left(\dfrac{\partial n}{\partial x}\right)_{max}^{-2}$
10	204,32
180	236,53
300	262,44
500	310,06
900	457,57
1500	662,62
2150	813,45
2800	1044,18
3250	1178,00
3600	1262,12

Die Fehler in den $\left(\dfrac{\partial n}{\partial x}\right)_{max}^{-2}$ werden wie folgt berechnet:

$$\Delta\left(\frac{\partial n}{\partial x}\right)_{max}^{-2} = \sqrt{\left(-2\cdot\left(\frac{\partial n}{\partial x}\right)_{max}^{-3}\cdot\Delta\left(\frac{\partial n}{\partial x}\right)_{max}\right)^2} = 2\cdot\left(\frac{\partial n}{\partial x}\right)_{max}^{-3}\cdot\Delta\left(\frac{\partial n}{\partial x}\right)_{max} \tag{14}$$

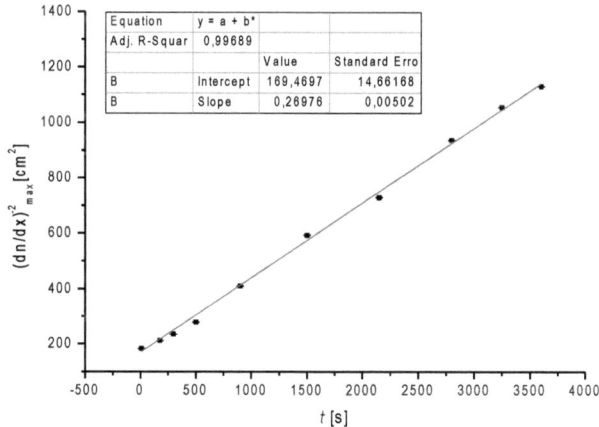

Abb. 23: Auftragung von $\left(\dfrac{\partial n}{\partial x}\right)_{max}^{-2}$ gegen die Zeit t für die 1M CaCl$_2$-Lösung.

3.5.2 0,5 M CaCl$_2$-Lösung

Tabelle 7: Werte der $\left(\dfrac{\partial n}{\partial x}\right)_{max}^{-2}$ für 0,5 M CaCl$_2$-Lsg.

Zeit t [s]	$\left(\dfrac{\partial n}{\partial x}\right)_{max}^{-2}$
10	861,29
180	1090,07
300	1339,29
500	1662,34
900	2217,75
1500	3050,05
2150	3842,73
2800	4765,70
3250	5357,18
3600	5766,50

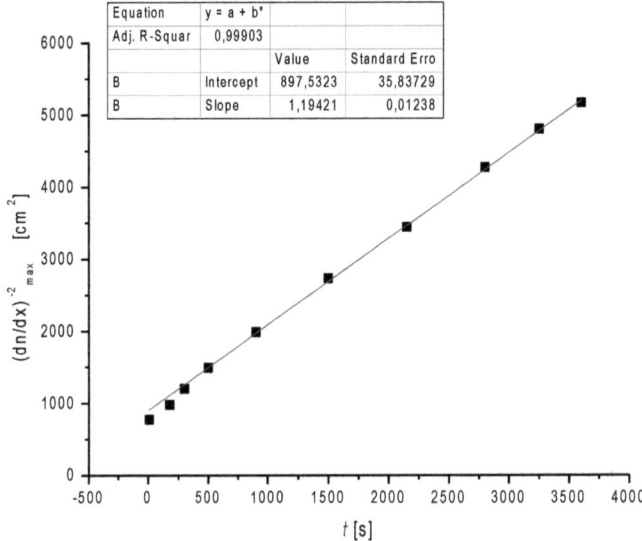

Abb. 24: Auftragung von $\left(\dfrac{\partial n}{\partial x}\right)_{max}^{-2}$ gegen die Zeit t für die 0,5 M CaCl$_2$-Lösung.

Der theoretische Anfangszeitpunkt t_0 der Diffusion kann nun mittels der Gradengleichung ermittelt werden:

$$y = m \cdot x + b \tag{15}$$

mit: m = Steigung und b = y-Achsenabschnitt.

$\rightarrow t_0 = - b/m$

Somit ergeben sich folgende Anfangszeitpunkte:

1M $CaCl_2$-Lösung: t_0 = 628,22 s ≈ 11 min.

0,5 M $CaCl_2$-Lösung: t_0 = 751,56 s ≈ 12,5 min.

Für die tatsächliche Diffusionszeit gilt: $t_D = t_0 + t$ $\qquad$ (16)

Die Diffusionskonstante kann mit folgender Formel berechnet werden. Hierfür werden die, durch Integration der Fläche unter der Kurve $\left(\dfrac{\partial n}{\partial x}\right)$ gegen x erhaltenen Werte für Δn

($CaCl_2$ 1M) = 0,0220 ± 0.0022 und Δn ($CaCl_2$ 0,5 M) = 0.0111 ± 0.0012 eingesetzt:

$$D = \frac{\Delta n^2}{4\pi \cdot t_D \cdot \left(\dfrac{\partial n}{\partial x}\right)^2_{max}} \tag{17}$$

Tabelle 8: Diffusionszeit und Diffusionskoeffizienten für die 1 M $CaCl_2$-Lösung mit t_0 = 628,01 s.

Zeit t [s]	t_D [s]	$D \cdot [10^{-5}\,cm^2 \cdot s^{-1}]$	$\Delta D\ [10^{-7}\,cm^2 \cdot s^{-1}]$
10	638,22	1,1053	2,0005
180	808,22	1,0104	6,8997
300	928,22	0,9763	4,7598
500	1128,22	0,9488	5,4597
900	1528,22	1,0333	7,9236
1500	2128,22	1,0750	11,1215
2150	2778,22	1,0108	14,7856
2800	3428,22	1,0519	19,9926
3250	3878,22	1,0488	24,2395
3600	4228,22	1,0305	29,9995
		Mittelwert:1,0290	12,7182

Der Fehler in den berechneten Diffusionskoeffizienten werden wie folgt ermittelt:

$$\Delta D = \sqrt{\left(\frac{-\Delta n^2}{4\pi \cdot t_D \cdot \left(\frac{\partial n}{\partial x}\right)^2_{max}}\right)^2 + \Delta\left(\frac{\partial n}{\partial x}\right)^2_{max} + \left(\frac{-\Delta n^2}{4\pi \cdot t_D^2 \cdot \left(\frac{\partial n}{\partial x}\right)^2_{max}} + \Delta t_D\right)^2}$$ (18)

Tabelle 8: Diffusionszeit und Diffusionskoeffizienten für die 0,5 M $CaCl_2$-Lösung mit t_0 = 751,51 s.

Zeit t [s]	t_D [s]	$D \cdot [10^{-5} cm^2 \cdot s^{-1}]$	$\Delta D [10^{-7} cm^2 \cdot s^{-1}]$
10	761,56	0,9939	1,8201
180	931,56	1,0284	4,0012
300	1051,56	1,1193	2,7
500	1251,56	1,1673	4,5551
900	1651,56	1,1802	6,2541
1500	2251,56	1,1905	10,3335
2150	2901,56	1,1639	15,3589
2800	3551,56	1,1793	20,2895
3250	4001,56	1,1767	16,2784
3600	4351,56	1,1646	18,2563
		Mittelwert: 1,13640832	9,9847

3. 6 Bestimmung des Diffusionskoeffizienten aus den einzelnen zur Zeit t ermittelten Datensätzen

Zusätzlich zur zeitabhängigen Betrachtung des Maximums kann der Diffusionskoeffizient auch über die ortsabhängige Betrachtung zu verschiedenen Zeiten erhalten werden. Dazu wird $\ln\left(\frac{\partial n}{\partial x}\right)_t$ gegen x^2 aufgetragen. Die angepasste Regressionsgerade gibt die Steigung s an.

s ist definiert als:

$$s = \frac{-1}{4 \cdot D \cdot t}$$ (19)

Die Umformung der Gl. (14) nach D ergibt:

$$D = \frac{-1}{4 \cdot s \cdot t} \qquad (20)$$

Der Fehler in D wird wie folgt berechnet:

$$\Delta D = \frac{\Delta s}{4 \cdot s^2 \cdot t} \qquad (21)$$

3.6.1 1 M CaCl$_2$-Lösung

Die Fehlerrechnung wird mit den folgenden Formeln berechnet

$$\Delta x^2 = \sqrt{\left(2x \cdot \Delta x\right)^2} = 2x \cdot \Delta x \qquad (22)$$

$$\Delta \ln\left(\frac{\partial n}{\partial x}\right) = \sqrt{\left(\frac{\Delta\left(\frac{\partial n}{\partial x}\right)}{\frac{\partial n}{\partial x}}\right)^2} = \frac{\Delta\left(\frac{\partial n}{\partial x}\right)}{\frac{\partial n}{\partial x}} \qquad (23)$$

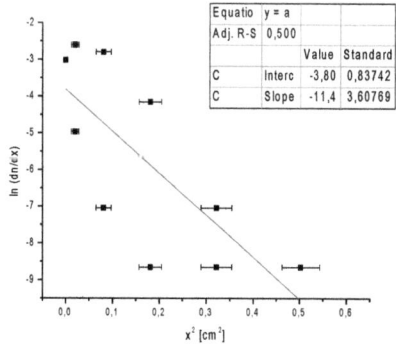

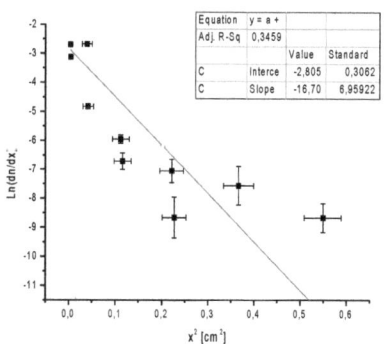

Abb. 25: Auftragung von $\ln\left(\frac{\partial n}{\partial x}\right)_t$ gegen x^2 für $t = 10$ s.

Abb. 26: Auftragung von $\ln\left(\frac{\partial n}{\partial x}\right)_t$ gegen x^2, für $t = 180$ s.

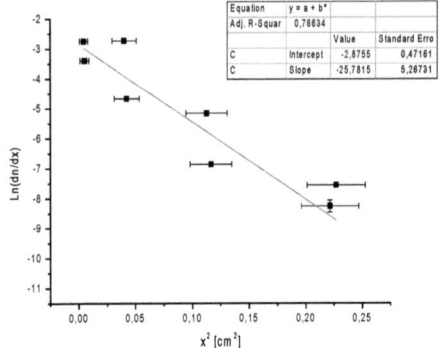

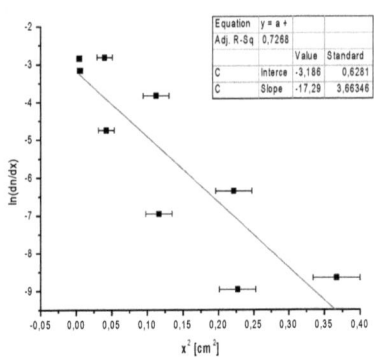

Abb. 27: Auftragung von $\ln\left(\dfrac{\partial n}{\partial x}\right)_t$ gegen x^2 für $t = 300$ s.

Abb. 28: Auftragung von $\ln\left(\dfrac{\partial n}{\partial x}\right)_t$ gegen x^2, für $t = 500$ s.

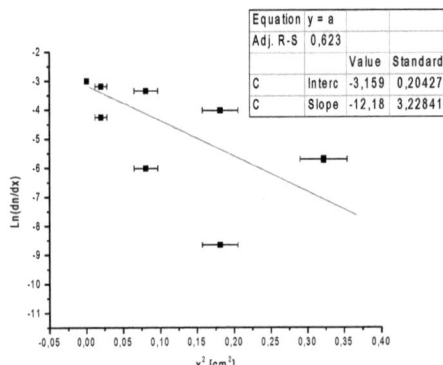

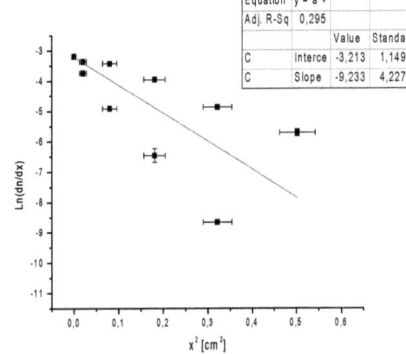

Abb. 29: Auftragung von $\ln\left(\dfrac{\partial n}{\partial x}\right)_t$ gegen x^2 für $t = 900$ s.

Abb. 30: Auftragung von $\ln\left(\dfrac{\partial n}{\partial x}\right)_t$ gegen x^2, für $t = 1500$ s.

24

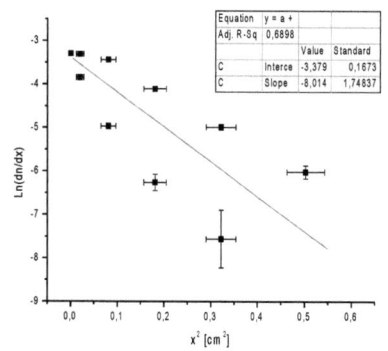

Table in Abb. 31:

Equation	y = a +	
Adj. R-Sq	0,6898	
	Value	Standard
C Interce	-3,379	0,1673
C Slope	-8,014	1,74837

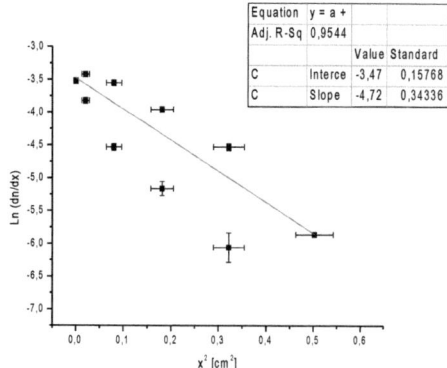

Table in Abb. 32:

Equation	y = a +	
Adj. R-Sq	0,9544	
	Value	Standard
C Interce	-3,47	0,15768
C Slope	-4,72	0,34336

Abb. 31: Auftragung von $\ln\left(\dfrac{\partial n}{\partial x}\right)_t$ gegen x^2 für t = 2150 s.

Abb. 32: Auftragung von $\ln\left(\dfrac{\partial n}{\partial x}\right)_t$ gegen x^2, für t = 2800 s.

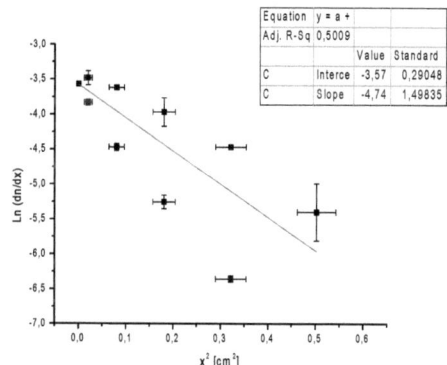

Table in Abb. 33:

Equation	y = a +	
Adj. R-Sq	0,5009	
	Value	Standard
C Interce	-3,57	0,29048
C Slope	-4,74	1,49835

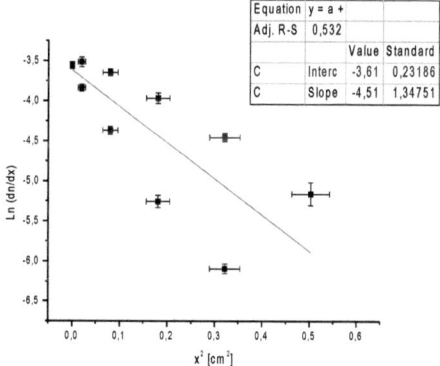

Table in Abb. 34:

Equation	y = a +	
Adj. R-S	0,532	
	Value	Standard
C Interc	-3,61	0,23186
C Slope	-4,51	1,34751

Abb. 33: Auftragung von $\ln\left(\dfrac{\partial n}{\partial x}\right)_t$ gegen x^2 für t = 3250 s.

Abb. 34: Auftragung von $\ln\left(\dfrac{\partial n}{\partial x}\right)_t$ gegen x^2, für t = 3600 s.

3.6.2: 0,5 M CaCl$_2$-Lösung

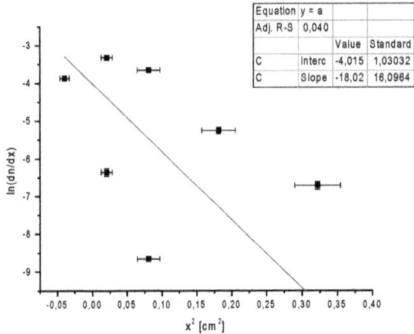

Equation y = a
	Adj. R-S	0,040	
		Value	Standard
C	Interc	-4,015	1,03032
C	Slope	-18,02	16,0964

Abb. 35: Auftragung von $\ln\left(\dfrac{\partial n}{\partial x}\right)_t$ gegen x^2 für t = 10 s.

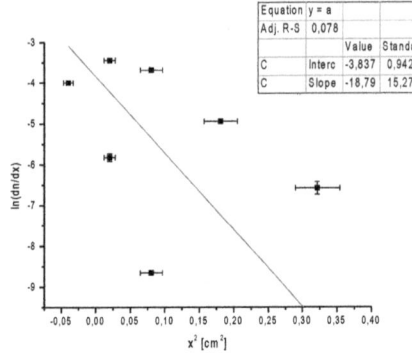

Equation y = a
	Adj. R-S	0,078	
		Value	Standard
C	Interc	-3,837	0,94269
C	Slope	-18,79	15,2768

Abb. 36: Auftragung von $\ln\left(\dfrac{\partial n}{\partial x}\right)_t$ gegen x^2, für t = 180 s.

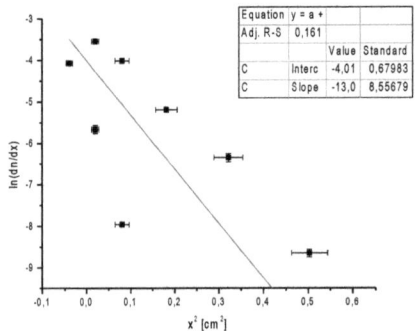

Equation y = a +
	Adj. R-S	0,161	
		Value	Standard
C	Interc	-4,01	0,67983
C	Slope	-13,0	8,55679

Abb. 37: Auftragung von $\ln\left(\dfrac{\partial n}{\partial x}\right)_t$ gegen x^2 für t = 300 s.

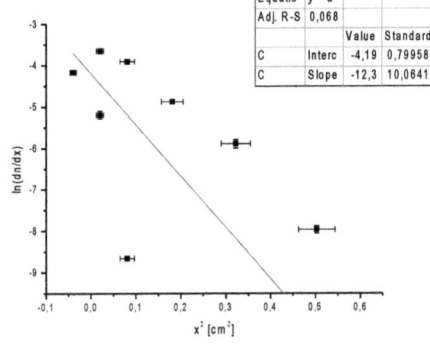

Equatio y = a
	Adj. R-S	0,068	
		Value	Standard
C	Interc	-4,19	0,79958
C	Slope	-12,3	10,0641

Abb. 38: Auftragung von $\ln\left(\dfrac{\partial n}{\partial x}\right)_t$ gegen x^2, für t = 500 s.

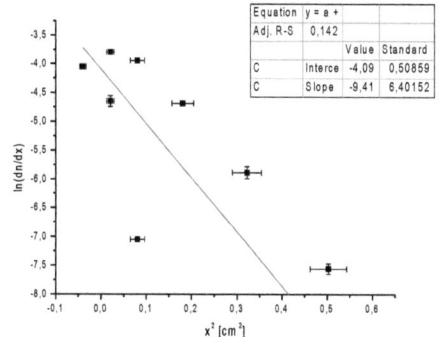

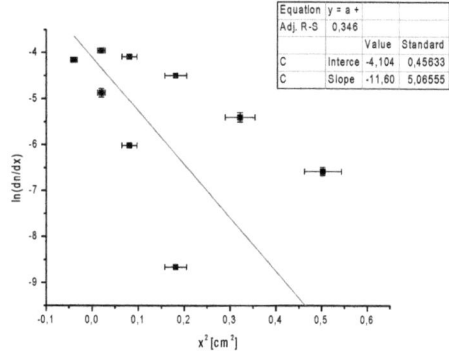

Abb. 39: Auftragung von $\ln\left(\dfrac{\partial n}{\partial x}\right)_t$ gegen x^2 für $t = 900$ s.

Abb. 40: Auftragung von $\ln\left(\dfrac{\partial n}{\partial x}\right)_t$ gegen x^2, für $t = 1500$ s.

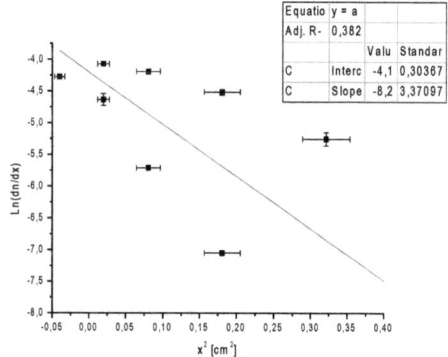

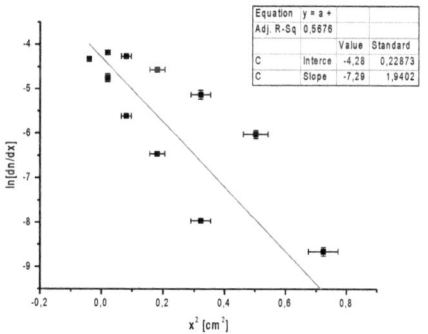

Abb. 41: Auftragung von $\ln\left(\dfrac{\partial n}{\partial x}\right)_t$ gegen x^2 für $t = 2150$ s.

Abb. 42: Auftragung von $\ln\left(\dfrac{\partial n}{\partial x}\right)_t$ gegen x^2, für $t = 2800$ s.

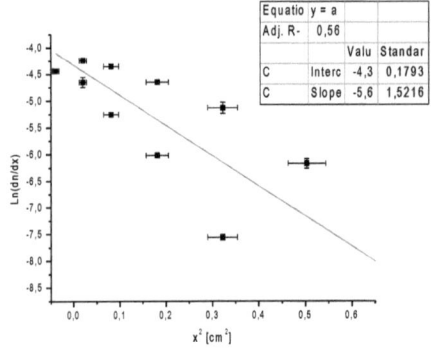

Equatio	y = a	
Adj. R-	0,56	
		Valu	Standar

		Valu	Standar
C	Interc	-4,3	0,1793
C	Slope	-5,6	1,5216

Equati	y = a	
Adj. R-	0,53	

		Valu	Standar
C	Inter	-4,3	0,1753
C	Slop	-5,3	1,4876

Abb. 43: Auftragung von $\ln\left(\frac{\partial n}{\partial x}\right)_t$ gegen x^2 für t = 3250 s.

Abb. 44: Auftragung von $\ln\left(\frac{\partial n}{\partial x}\right)_t$ gegen x^2, für t = 3600 s.

Mittels der Auftragung von s^{-1} gegen die Zeit t_D wird die Steigung - $4D$ erhalten, mit der die Diffusionskonstanten für die 1 M und die 0,5 M $CaCl_2$-Lösungen bestimmt werden können.

Tabelle 9: Die Diffusionszeiten, Steigung s und der Kehrwert von s für die 1 M $CaCl_2$-Lösung.

Zeit t [s]	t_D [s]	s [cm^{-2}]	s^1 [cm^2]
10	638,22	-11,400	-0,09
180	808,22	-16,700	-0,05988
300	928,22	-25,781	-0,03879
500	1128,22	-17,290	-0,05783
900	1528,22	-12,180	-0,08210
1500	2128,22	-9,233	-0,10831
2150	2778,22	-8,014	-0,12478
2800	3428,22	-4,720	-0,21186
3250	3878,22	-4,740	-0,21097
3600	4228,22	-4,510	-0,22173

Für die Fehlerrechnung in der Diffusionszeit t_D und in dem Kehrwert der Steigung Δs^{-1} werden folgende Formeln angewandt:

$$\Delta t_D = \sqrt{\Delta t^2 - \Delta t_0^2} \qquad (24)$$

$$\Delta s^{-1} = \sqrt{\left(-\frac{\Delta s}{s^2}\right)^2} = \left(-\frac{\Delta s}{s^2}\right) \qquad (25)$$

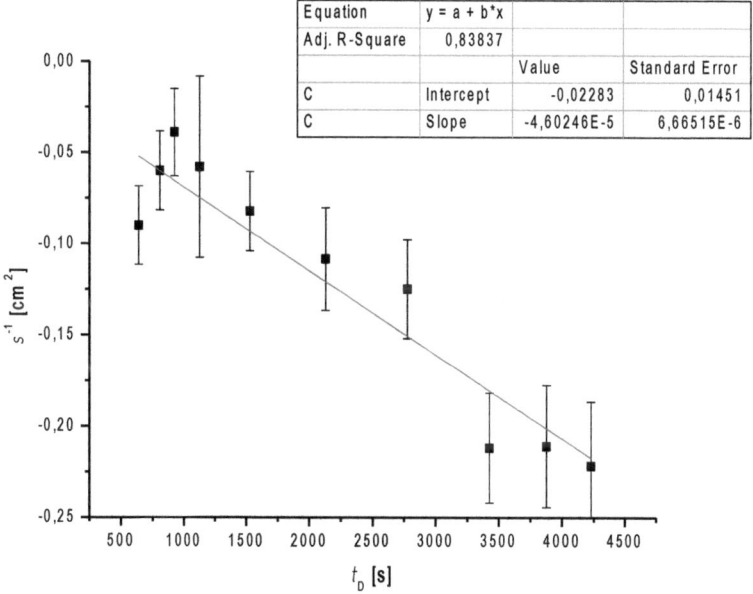

Equation	y = a + b*x		
Adj. R-Square	0,83837		
		Value	Standard Error
C	Intercept	-0,02283	0,01451
C	Slope	-4,60246E-5	6,66515E-6

Abb. 45: Auftragung des Kehrwerts der Steigung s^{-1} gegen t_D für die 1M $CaCl_2$-Lösung.

Die Steigung beträgt $4D$.

Steigung: $-4{,}60246 \cdot 10^{-5} \pm 6{,}66515 \cdot 10^{-6}$.

Tabelle 10: Die Diffusionszeiten, Steigung s und der Kehrwert von s für die 0,5 M $CaCl_2$-Lösung.

Zeit t [s]	t_D [s]	s [cm⁻²]	s^{-1} [cm²]
10	761,56	-18,020	-0,06
180	931,56	-18,790	-0,05321
300	1051,56	-13,000	-0,07692
500	1251,56	-12,300	-0,08130
900	1651,56	-9,410	-0,10627
1500	2251,56	-11,600	-0,08620
2150	2901,56	-8,200	-0,12195
2800	3551,56	-7,290	-0,13717
3250	4001,56	-5,600	-0,17857
3600	4351,56	-5,300	-0,18868

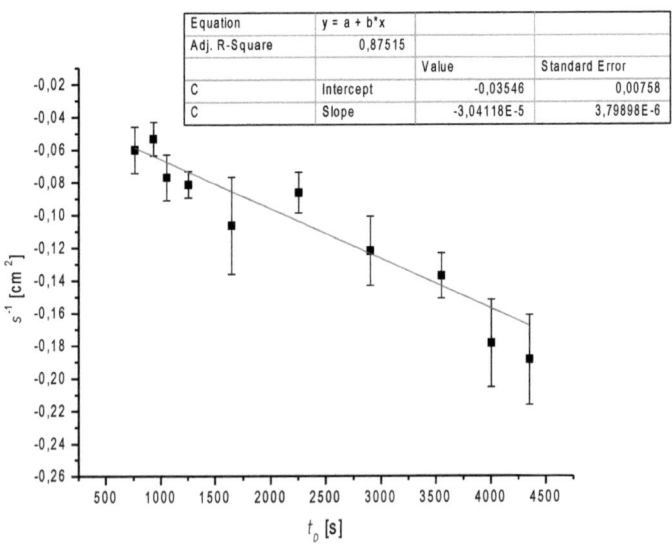

Abb.46: Auftragung des Kehrwerts der Steigung s^{-1} gegen t_D für die 0,5 M $CaCl_2$-Lösung

Steigung: -3,04118 · 10⁻⁵ ± 3,79898 · 10⁻⁶ ·

Die Diffusionskoeffizienten für die beiden Lösungen betragen:

D (1M $CaCl_2$-Lösung) = 1,150 · 10^{-5} cm² · s^{-1}

D (0,5 M $CaCl_2$-Lösung) = 0,7603 · 10^{-5} cm² · s^{-1}

Tabelle 11: Gegenüberstellung der bestimmten Diffusionskoeffizienten aus a) der zeitlichen Änderung von $\left(\frac{\partial n}{\partial x}\right)_{max}$ und b) der Mittelwerten der über die **ortsabhängige** Betrachtung aus den einzelnen zur zeit t ermittelten Datensätzen.

	$D \cdot 10^{-5}$ (1 M) $CaCl_2$-Lösung [10^{-5} cm² · s^{-1}]	$D \cdot 10^{-5}$ (0,5 M) $CaCl_2$-Lösung [10^{-5} cm² · s^{-1}]
Über zeitliche Änderung von $\left(\frac{\partial n}{\partial x}\right)_{max}$	1,0290	1,1364
Über ortsabhängige Betrachtung	1,1500	0,7603

4. Zusammenfassung und Diskussion

Die Brechzahldifferenzen, die durch die Integration der Flächen unter den Kurven bestimmt wurden, liegen sehr nahe bei den durch Gleichung (10) berechneten Werten. Somit stellt die Ermittlung der Brechzahldifferenzen durch die Integration der Gaußkurven zusätzlich zu der experimentellen bestimmung, eine gute Methode dar. Die graphisch ermittelten theoretischen Anfangszeiten der Diffusion t_0 sind mit t_0 = 628,22 s ≈ 11 min. für die 1M $CaCl_2$-Lösung und t_0 = 751,56 s ≈ 12,5 min. für die 0,5 M $CaCl_2$-Lösung, zu groß, denn offensichtlich waren die Zeiten vom Ansätzen der Probe bis zum Beginn der Kurvennachzeichnung deutlich kürzer und betrugen etwa 1 - 2 min. Diese Ungenauigkeit könnte an der Nachzeichnung der Kurve per Hand liegen, die zur Abweichungen vom genauen Kurvenverlauf führten und der seinerzeits Einfluss auf die zugrundeliegenden Berechnungen genommen haben könnte. Die aus der zeitlichen Änderung vom Brechungsindexgradienten $\left(\frac{\partial n}{\partial x}\right)_{max}$ ermittelte Diffusionskoeffizient D (1,0290) für die 1 M $CaCl_2$-Lösung unterscheidet sich von dem (1,1500), der über die ortsabhängige Betrachtung zu den einzelnen zur Zeit t ermittelten Datensätzen mit einer Differenz von

0,12. Für die 0,5 M CaCl$_2$-Lösung ergab sich zwischen dem aus der zeitlichen Änderung vom Brechungsindexgradienten $\left(\frac{\partial n}{\partial x}\right)_{max}$ ermittelten Diffusionskoeffizient D (1,1364) und dem über die ortsabhängige Betrachtung zu den einzelnen zur Zeit t ermittelten Datensätzen (0,7603), eine relativ große Differenz von 0,376. Bei dieser Methode könnte der Grund für die Differenzen in D von dieser binären Mischungen wie oben genannt die Fehler in der Handzeichnung der Kurve und die Fehler in den Messgeräten, die sich fortpflanzen. Zur Feststellung der Reproduzierbarkeit der Ergebnisse mit dieser optischen Methode nach Wiener, müssten mehrere Versuche unter den gleichen Bedingungen durchgeführt und die Ergebnisse miteinander verglichen werden.

5. Literaturangaben

[1] Universität zu Köln, Chemiefakultät, Institut für Physikalische Chemie, Praktikum PC-F Modul MN-C-E-PC, Versuch: Diffusion, WS1415, **2014**.

[2] http://www.chemgapedia.de/vsengine/glossary/de/brechungsindex.glos.html. **2014**